爱游戏，就爱数学王

小牛顿

Mathematics Little Newton Encyclopedia

数学王

三角形与四边形

牛顿出版股份有限公司◎编

四川少年儿童出版社

图书在版编目（CIP）数据

三角形与四边形 / 牛顿出版股份有限公司编. -- 成
都：四川少年儿童出版社，2018.1
　　（小牛顿数学王）
　　ISBN 978-7-5365-8735-9

　　Ⅰ. ①三… Ⅱ. ①牛… Ⅲ. ①数学－少年读物 Ⅳ.
①O1-49

中国版本图书馆CIP数据核字(2017)第326510号
四川省版权局著作权合同登记号：图进字21-2018-04

出 版 人：常　青
项目统筹：高海潮
责任编辑：王晗笑　赖昕明
封面设计：汪丽华
美术编辑：刘婉婷　徐小如
责任印制：袁学团

XIAONIUDUN SHUXUEWANG · SANJIAOXING YU SIBIANXING

书　　名：小牛顿数学王·三角形与四边形
出　　版：四川少年儿童出版社
地　　址：成都市槐树街2号
网　　址：http://www.sccph.com.cn
网　　店：http://scsnetcbs.tmall.com
经　　销：新华书店
印　　刷：艺堂印刷（天津）有限公司
成品尺寸：275mm×210mm
开　　本：16
印　　张：3
字　　数：60千
版　　次：2018年4月第1版
印　　次：2018年4月第1次印刷
书　　号：ISBN 978-7-5365-8735-9
定　　价：19.80元

台湾牛顿出版股份有限公司授权出版

目录

1 三角形和四边形

◉ 各种三角形和四边形

今天要在童话学校溜冰。

笔直的线称为直线。

首先，老师往笔直的方向滑去。

从冰上滑过后会留下痕迹。

有一些形状是一样的哦！

⦿ 三角形、四边形

想想看，冰上的痕迹是由几条直线围成的？把它分开来算算看。

学习重点

数一数组成形状的边与顶点，以及它的数目、长度，还有边的排列方法。

由3条线段所围成的形状。

由4条线段围成的形状。

◆ 从日常用品中，找出三角形与四边形。

   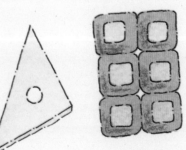

组成三角形的每条线段称为三角形的边。边与边会合的地方称为顶点。

找找看，上面各种形状的边和顶点在哪儿？

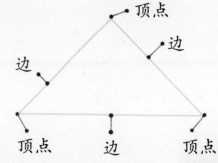

◆ 这次溜冰后的痕迹全部都是四边形。把它们分开来看看。

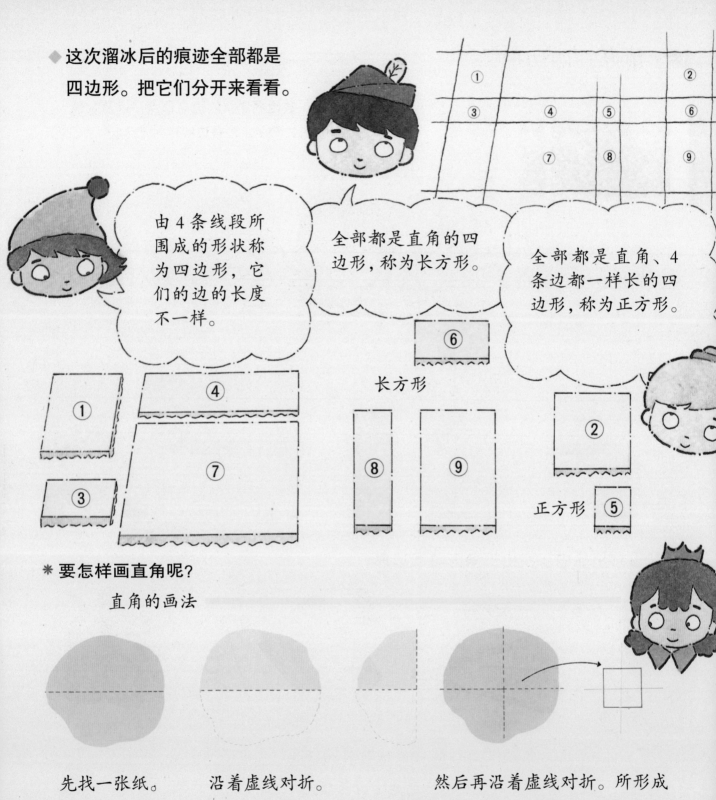

由 4 条线段所围成的形状称为四边形，它们的边的长度不一样。

全部都是直角的四边形，称为长方形。

全部都是直角、4 条边都一样长的四边形，称为正方形。

长方形

正方形

* **要怎样画直角呢?**

直角的画法

先找一张纸。

沿着虚线对折。

然后再沿着虚线对折。所形成的角就是直角。把纸打开会有 4 个直角。

◆ **想想看正方形的制作方法。**

◆ 制作一个正方形。照下面的
方法，很容易制作正方形。

准备一张长方形的纸。	较短的一边向较长的一边折齐。	把剩余的部分剪掉。	打开纸就是一个正方形。

● 直角三角形

◆ 现在要学习的是直角三角形。

● 画图形……

想好顶点的数目与点的位置，然后跟下面的点连起来，就能画出各种形状。

＊ 如下图，沿着虚线斜剪的话，会各有2个其中
一个角是直角的三角形。

＊ 这种三角形称为直角三角形。

● 用2个直角三角形进行组合

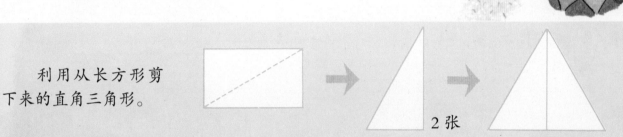

利用从长方形剪
下来的直角三角形。

2张

利用从正方形剪
下来的直角三角形。

2张

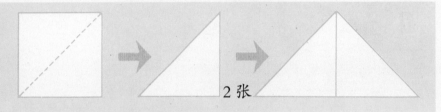

试着画一下吧！

整理

（1）对边相等、四
个角都是直角的四
边形称为长方形；
四边相等、四个角
都是直角的四边
形称为正方形。

（2）一个角是直角
的三角形称为直角
三角形。

2 各种三角形

三角形的分类

　　童话国的国王派人造了各种三角形的花圃。现在，让我们来看看有哪些三角形吧。

这里面好像有相同的三角形哦，你们分分看。

要怎么分辨呢？

只要比较角的形状或边长就可以了。

◉ 用边分类

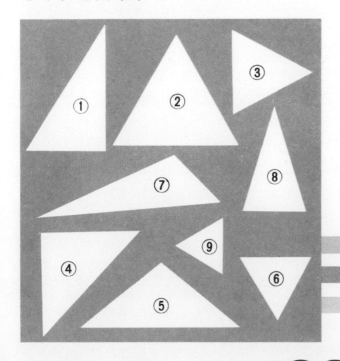

① 等腰三角形、等边三角形、直角三角
形的关系。
② 等腰三角形、等边三角形、直角三角
形的边长及角的大小。
③ 三角形的分法。

2 条边边长相等的

3 条边边长相等的

边长都不一样的

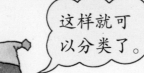

这样就可以分类了。

＊2 条边边长相等的三角形称为等腰
三角形。
＊3 条边边长和 3 个角的大小都相等
的三角形，称为等边三角形。

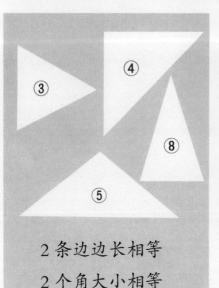

2 条边边长相等
2 个角大小相等

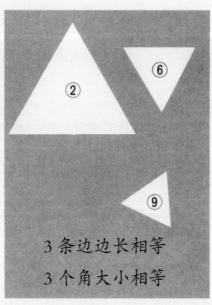

3 条边边长相等
3 个角大小相等

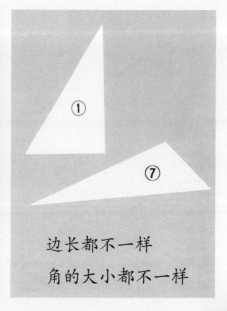

边长都不一样
角的大小都不一样

◎ 等腰三角形、等边三角形

◆ 试着用纸折出等腰三角形和等边三角形。

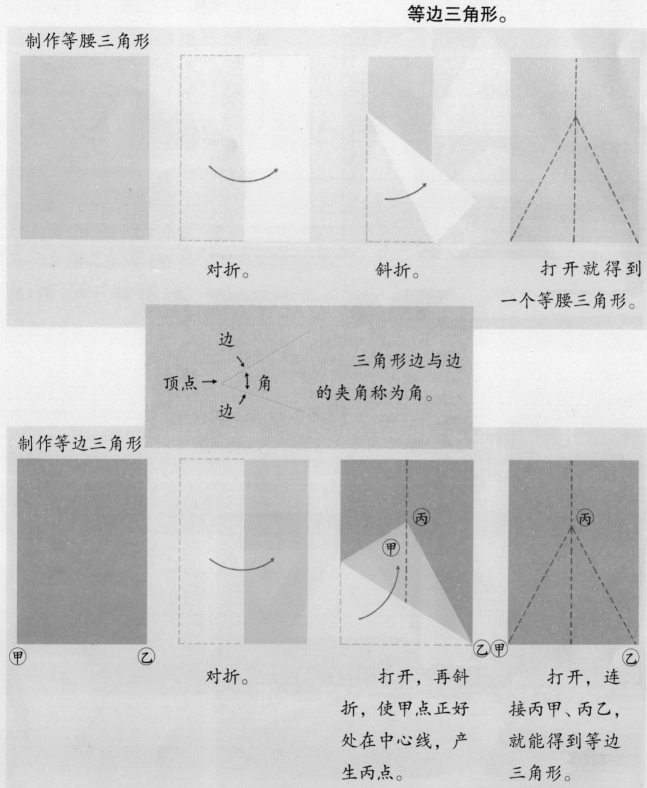

制作等腰三角形

对折。

斜折。

打开就得到一个等腰三角形。

顶点→ 边 角 边

三角形边与边的夹角称为角。

制作等边三角形

甲 乙

对折。

打开，再斜折，使甲点正好处在中心线，产生丙点。

打开，连接丙甲、丙乙，就能得到等边三角形。

● 三角形的画法

①利用圆来画等腰三角形。

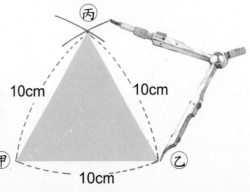

大家试着用圆规画一个三角形。

②用圆规来画等边三角形。

10cm 10cm

10cm

丙

甲 乙

甲乙边边长 10 厘米，再分别以甲和乙为圆心，用圆规画出半径为 10 厘米的圆的一部分，交点为丙点。将丙甲、丙乙连起来就能得到等边三角形。

画得好漂亮。

＊用圆规可以画出各种等腰三角形。

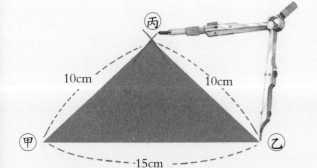

丙

10cm 10cm

甲 乙

15cm

甲乙边边长 15 厘米，将圆规张开 10 厘米，再分别以甲和乙为圆心，画出圆的一部分，交点为丙点。把丙跟甲、丙跟乙连起来就能得到等腰三角形。

● 综合整理

＊2 条边边长相等、2 个角大小相等的三角形，称为等腰三角形。

＊3 条边边长、3 个角大小也相等的三角形，称为等边三角形。

● 用三角板画各种形状

2个三角板并排放置。

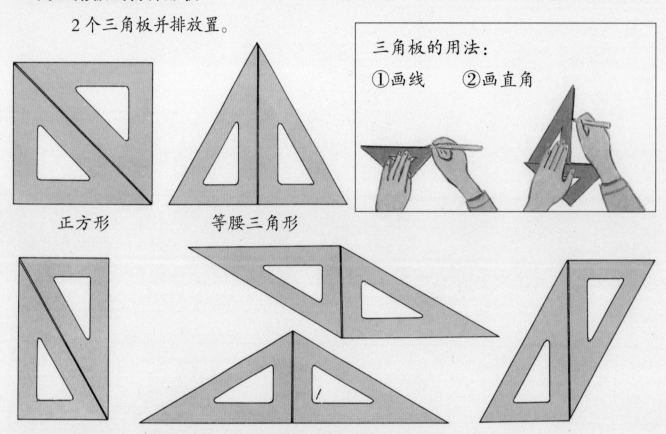

正方形　　　　　等腰三角形

三角板的用法:
①画线　　②画直角

◆ 使用彩纸作的直角等腰三角形和直角三角形拼出各种图形。

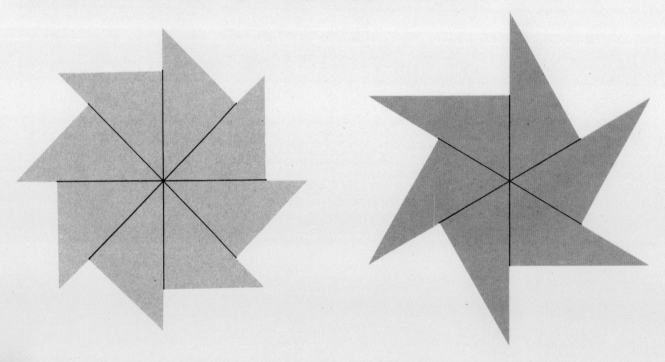

◆ 小方格纸可以帮助你画出等腰三角形或直角三角形。

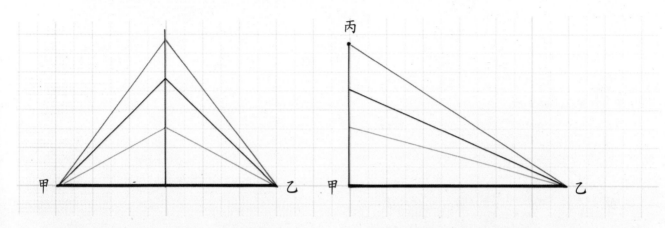

　　先决定甲乙的长度，只要改变顶点
的位置，就能画出各种等腰三角形。

　　先决定甲乙的长度，只要改变丙的
位置，就能画出各种直角三角形。

◆ 连接点和点画三角形。

整理

　　（1）2条边边长相等的三角形称为等腰三角形。
　　（2）3条边边长相等的三角形称为等边三角形。

3 各种四边形

● 分类

猪小弟开了一家照相馆，熊老师和动物学校的学生都来参观了。

①吊架

②过街天桥

◆ 仔细观察右上及下页照片中的四边形，它们的边和边是否平行或垂直，角的大小如何，然后给它们分类。

松鼠把图形分成右边 3 组。

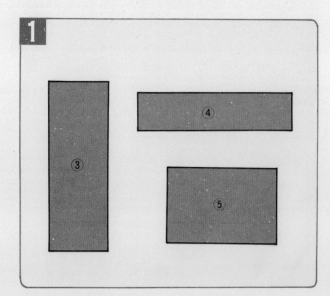

③饮水机

学习重点

从边的平行、垂直等关系，把各种四边形进行分类。

④指示牌

禁止机动车入内

⑤汽车窗户

016-0269

有好多形状哦。

这要怎么分类呢？

我会分类。

2

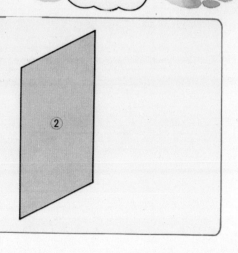

②

3

①

◆ 思考一下，还有其他的分类方法吗？

4 梯形

◉ 一组对边平行的四边形

查查看

现在，以狸猫同学的想法为基础，把3个梯形排成一列看一看。

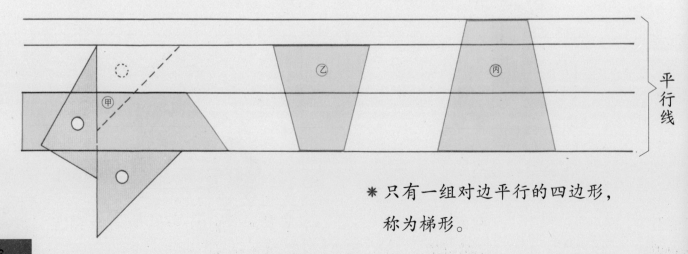

平行线

* 只有一组对边平行的四边形，
  称为梯形。

只有 1 组对边平行的四边形，称为梯形。

求证看看

利用同样宽度的彩带，制作各种四边形。

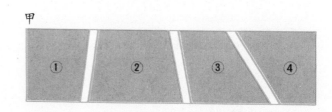

彩带的甲乙两边平行。

①到④4个四边形各有 1 组平行的边。所以，它们全部都是梯形。

● 梯形的画法

①画直线甲。

甲 _____

②把一块三角板放在跟直线甲垂直的地方，利用另一块三角板画出甲的平行线乙。

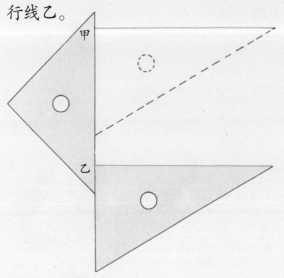

③画直线丙、丁，与平行直线甲、乙相交。

梯形画出来了。

5 平行四边形

● 平行四边形的朋友

相对的边长或角的大小好像一样哦。

有两条互相平行的边。

查查看

用两块三角板检查下图四边形的两组相对的边是否平行。

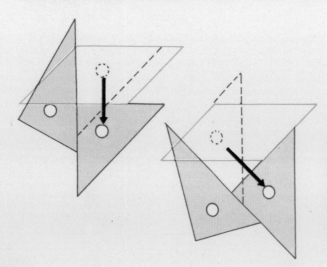

查查看

如下图，观察一下相对的边长和角的大小是否一样。

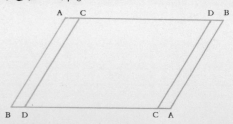

画两个同样的平行四边形，将其中一个进行翻转，看看是否可以与另一个重合。

求证看看

画两个同样的平行四边形，把其中一个翻转，两个平行四边形刚好可以重合。

请看下图。

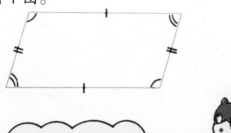

两组相对的边的边长一样。两组相对的角的大小也一样。

两组对边平行的四边形称为平行四边形。

平行四边形对边的长和对角的角度都一样。

例　题

下面的四边形中，哪些是平行四边形？请说说理由。

① 思考平行四边形的性质。
② 平行四边形的画法。

● **平行四边形的画法**

利用对边平行画平行四边形。

①画平行线。

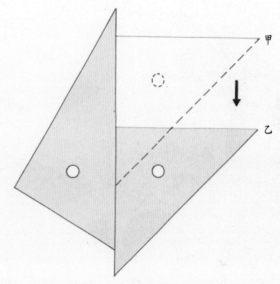

②画与直线甲、乙相交的平行直线丙、丁。

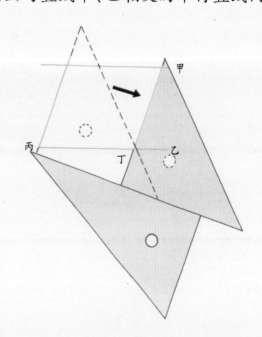

答：①、②，因为有两组对边互相平行，4是平行四边形的朋友。

6 菱形

◉ 4 条边一样长的朋友

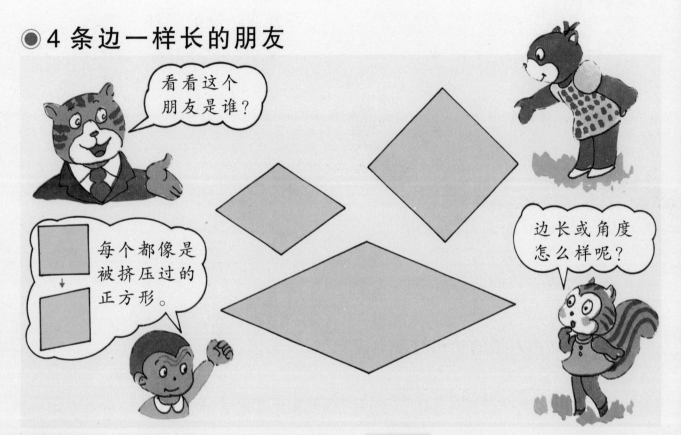

看看这个朋友是谁？

每个都像是被挤压过的正方形。

边长或角度怎么样呢？

查查看

　　如下面左图，将纸折4折，沿红线剪切，再打开来。会得到什么样的四边形？

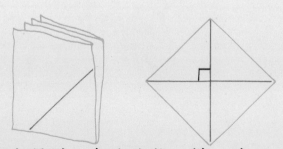

＊会得到 4 条边边长一样、对角大小相同的四边形。

查查看

　　将两张形状、大小一样又细长的长方形纸重叠，会得到什么四边形呢？

＊因为对边平行、宽度一致，所以会得到 4 条边边长一样的四边形。

四条边一样长的四边形称为菱形，菱形的对角大小一样、对边平行。

◉ 平行四边形和菱形

◆ 用平行四边形来画菱形。

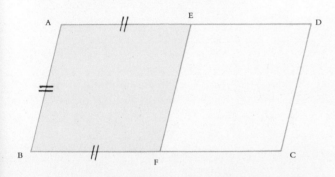

首先，取长度和ＡＢ相等的ＡＥ和ＢＦ。然后把Ｅ和Ｆ连起来，ＥＦ的长度就会和ＡＢ的长度相同。

求证看看

四边形ＡＢＦＥ是平行四边形，且ＡＢ＝ＡＥ。由于邻边也相等，所以四边形ＡＢＦＥ是菱形。

学习重点

① 思考菱形的性质。
② 菱形的画法。

● 菱形的画法
◆ 用圆规画菱形。

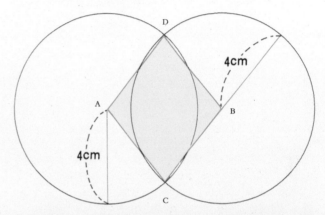

如图，以Ａ和Ｂ为圆心，画２个半径为４厘米的圆。取圆周的重合点Ｃ、Ｄ，将ＡＤ、ＤＢ、ＢＣ、ＣＡ连起来。

这样就得到ＡＤ、ＤＢ、ＢＣ、ＣＡ４条边，组成一个每条边为４厘米的菱形。

◆ 画一个有120°角、边长为５厘米的菱形。

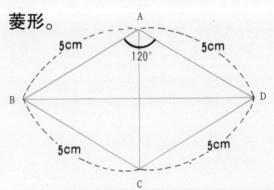

四边形ＡＢＣＤ是菱形。以对角线ＡＣ为一条边的三角形ＡＢＣ和三角形ＡＤＣ是等边三角形。

7 三角形、四边形的角的大小

◉ 三角形3个内角的和

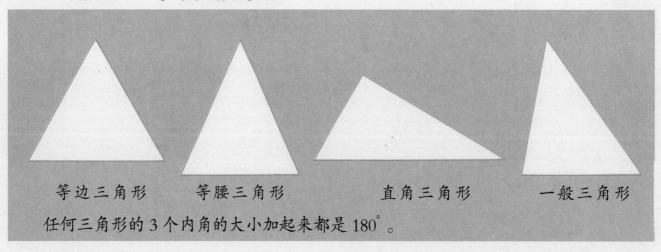

等边三角形　　等腰三角形　　　直角三角形　　　一般三角形

任何三角形的3个内角的大小加起来都是180°。

求证看看

如下图，在纸上画三角形再剪下来，然后把3个角集中在一处。

剪下三角形，再像下图一样折折看。

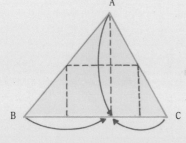

可以清楚地看出，三角形3个角的内角和是180°。

三角形3个角的内角和是180°

想想看

利用平行线想想看。

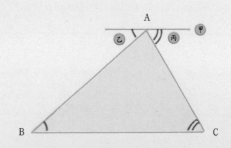

过三角形ABC的顶点A画直线甲、使之与三角形ABC的BC边平行。

因为直线甲和BC边平行，所以，角B和角乙相等，角C和角丙相等。

换句话说，三角形ABC的角，刚好

可以以 A 点为中心，排成直线。

由此可知，三角形 3 个角的内角和是 180°。

◉ 多边形的内角和

我们已经用各种方法研究过，三角形 3 个内角的和是 180°，由这一点，想一想多边形的内角和。

● 四边形

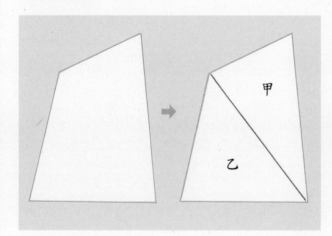

在四边形上画一条对角线，分成甲和乙 2 个三角形。

甲三角形的内角和为 180°

乙三角形的内角和为 180°

↓

四边形的内角是 360°

$$180° × 2 = 360°$$

四边形的内角和为 180° × 2 = 360°

像这样，利用三角形内角和是 180°，可以求出各种多边形的内角和。

学习重点

① 三角形 3 个内角的和。

② 四边形、五边形等多边形的内角的和。

● 五边形

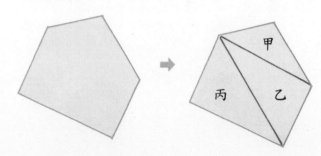

画两条对角线，可以分成甲、乙、丙 3 个三角形。

所以，五边形的内角和为

180° × 3 = 540°

● 六边形

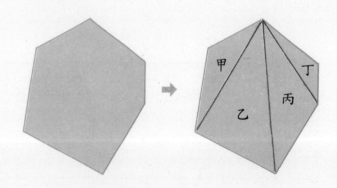

画 3 条对角线，可以分成甲、乙、丙、丁 4 个三角形。

所以，六边形的内角和为

180° × 4 = 720°

◆ 对于各种多边形，只要画对角线，看可以分成几个三角形，就可以求出内角和。

8 各种三角形的关系

● 整理三角形的性质

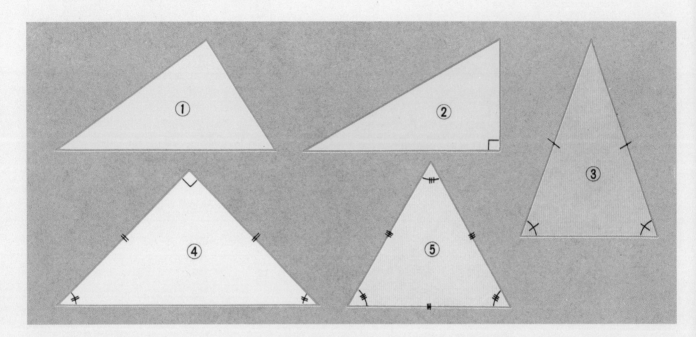

各种三角形 项目	① 一般三角形	② 直角三角形	③ 等腰三角形	④ 直角等腰 三角形	⑤ 等边三角形
有长度相等的边			O	O	O
有大小相等的角			O	O	O
有直角		O		O	

◆ 整理三角形的性质时，小政发觉一件事有点儿奇怪。他指的是什么事情呢？

照上表的分法来看的，等腰三角形和等边三角形"项目栏"的符号"O"，几乎完全一样，这件事真是太奇怪了。还有，直角等腰三角形的"O"，刚好与等腰三角形和直角三角形合起来一样。

经过调查，小政竟然发觉这件奇怪的事情，可见他对三角形的关系考虑得很仔细。

◉ 等腰三角形和等边三角形

小政用各种方法画了许多等腰三角形。思考这些三角形中是否有等边三角形。

① 整理三角形的性质。
② 等腰三角形和等边三角形的关系。
③ 直角三角形和等腰三角形的关系。

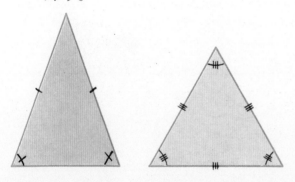

（1）画一个半径为 3 厘米的圆，将圆周上两点间的长度定为 1 厘米、2 厘米、3 厘米画三角形。

（2）在半径为 3 厘米的圆中，利用各种大小不同的圆心角，画等腰三角形。

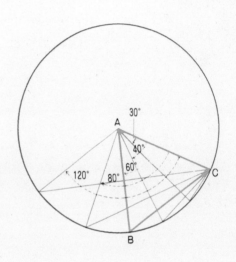

上图的三角形都是等腰三角形。圆心角为 60° 时，其他两个角也都是 60°。三角形 ABC 是 3 个角大小相等的等边三角形。

（3）底边的长度一定，画各种等腰三角形。

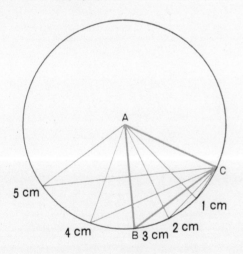

上图所画的三角形中，每个三角形的两条边的边长都跟圆的半径（3 厘米）相等。

所以，每个三角形都是等腰三角形。

由于三角形 ABC 的 BC 边边长也是 3 厘米，所以三角形 ABC 是等边三角形。

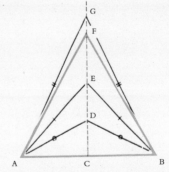

从底边正中央的C点，画一条跟底边垂直的直线，在直线上取任意点，与A、B点连成直线，所画出来的就是两条边边长相等、两个底角角度也相等的等腰三角形。取下点，使边AF、边BF与边AB的长度相等，所以，三角形FAB是等边三角形。

为什么会有这种情形呢？

想想看

画各种等腰三角形的时候，小政发觉等腰三角形可以变成等边三角形。当两条边的长度和另一条边长相同时，两个角的角度和另一个角也相同。

你观察得很仔细。

等腰三角形是两条边的边长相等，等边三角形是3条边边长相等。可是，如果把它们当作"至少是两条边边长相等的三角形"，那么等腰三角形和等边三角形应该是同类了。这样，就可以解决小政的疑问了。另外，如果当作"至少是两个角相等的三角形"，那么，等腰三角形和等边三角形也可以算是同类。等边三角形可以看作是特殊的等腰三角形。

●直角三角形和等腰三角形

查查看

接着，小政又画了各种直角三角形，然后研究其中是否会有变成等腰三角形的情形。

这次不知道会怎样？

（1）会变成等腰三角形吗？

画两条垂直相交的直线，先决定1条直线的长度，另一条直线的长度则作各种变化，可以画出许多直角三角形。

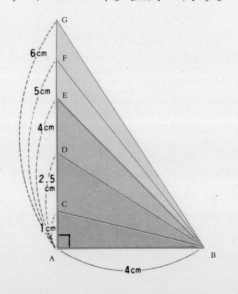

因为有1个角是直角，所以，每一个三角形都是直角三角形。边AE的长度刚好是4厘米，三角形ABE的两条边边长相等。

所以，三角形ABE既是直角三角形，也是等腰三角形。

◆画各种等腰三角形，再观察一下其中是否有直角三角形。

（2）会变成直角三角形吗？

先决定底边的长度，再过底边的中央点画垂直线，画出各种三角形。

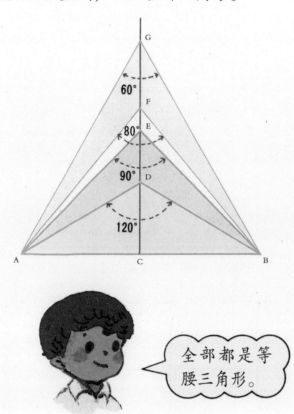

全部都是等腰三角形。

每一个三角形都是两条边边长相等的等腰三角形。

跟底边ＡＢ相对的 顶点角度，分别为 60°、80°、90°、120°。

因为三角形ＥＡＢ有1个角是直角，所以，它是直角三角形。

此外，三角形ＥＡＢ还是个等腰三角形。

小政研究得真仔细。

研究等腰三角形和等边三角形时会发现，画各种等腰三角形时，有时候会变成等边三角形。可是，画等边三角形时，却不会变成非等边三角形的等腰三角形。

直角三角形和等腰三角形的情形如何呢？画各种直角三角形时，有时候会画出等腰三角形；相反地，画各种等腰三角形时，有时候会画出直角三角形。

直角三角形和等腰三角形的关系可用下图表示：

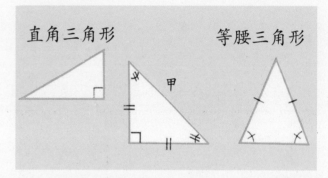

直角三角形　　　　等腰三角形

上图的甲是直角三角形，也是等腰三角形。这种三角形就称为等腰直角三角形。

整 理

（1）等边三角形可以看作特殊的等腰三角形。
（2）1个角是直角的等腰三角形，称为等腰直角三角形。

9 | 各种四边形的关系

◉ 整理四边形的性质

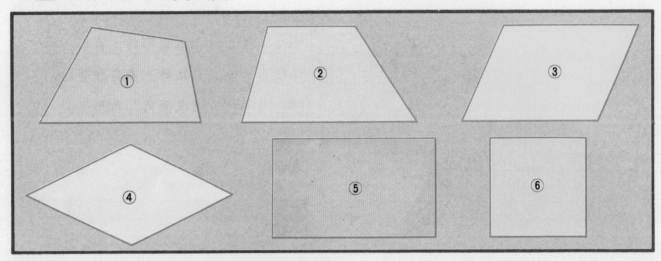

◆ 将上图①到⑥四边形的性质整理如下表。

项目 \ 四边形	①一般四边形	②梯形	③平行四边形	④菱形	⑤长方形	⑥正方形
有长度相等的边			○	○	○	○
4条边边长相等				○		○
有大小相等的角			○	○	○	○
4个角角度相等					○	○
有平行的边		○	○	○	○	○
两组边平行			○	○	○	○

看左页的表，我又发现一件事情。

① 整理四边形的性质。
② 梯形和平行四边形的关系。
③ 平行四边形和菱形的关系。
④ 平行四边形和长方形的关系。
⑤ 菱形和正方形的关系。
⑥ 长方形和正方形的关系。

◆ 小政在研究四边形时，发现了一件事。

前一页的表中，正方形的每一项都有"○"的记号，长方形、平形四边形和菱形各有一项没有"○"，而梯形则只有一项有"○"。

再仔细研究看看。

● 梯形和平行四边形

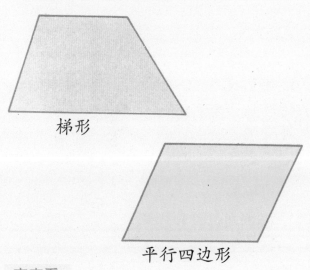

梯形

平行四边形

查查看

如右上图，用4根木棒研究梯形和平行四边形的关系。

固定3根木棍，并使其中两根木棍平行，第4根木棍则只固定一端（如图）。

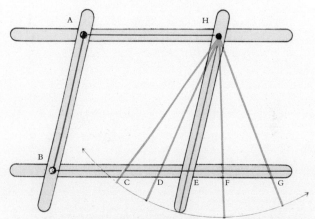

A、B、H点为固定的点。将木棍自由移动时产生的交点设为C、D、E、F、G。

因为AH边和BG边平行，所以形成的四边形都是梯形。

取E点与H点相连时，边HE刚好与对边AB平行，所以四边形ABEH为平行四边形。

移动1组非平行边的1个边，可以形成各种梯形，其中就有平行四边形。

梯形是1组边平行的四边形，平行四边形是两组边平行的四边形，如果以"至少有1组边平行的四边形"看，梯形和平行四边形就算是同类了。

至少有1组边平行

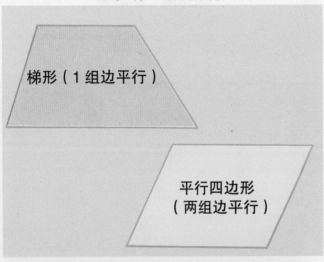

梯形（1组边平行）

平行四边形（两组边平行）

1组对边平行的四边形是梯形。平行四边形有两组对边平行，算是特殊的梯形。

◉ 平行四边形和菱形

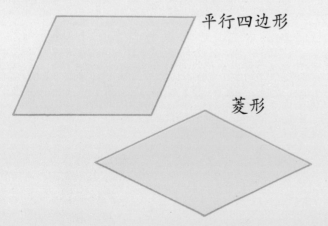

平行四边形

菱形

这两个四边形虽然看起来很像，还是仔细研究一下吧。

育仁画了各种菱形，然后思考其中是否会有不是菱形的情形。

会出现不是菱形的形状吗？

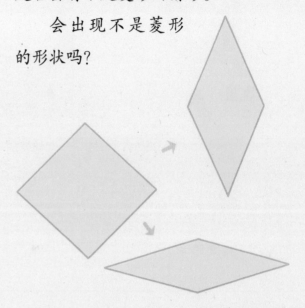

不论横挤、侧压，菱形4条边的长度都相等。

我要研究平行四边形和菱形的关系。

育仁利用信封和彩纸，研究平行四边形是否会有变成菱形的情形。

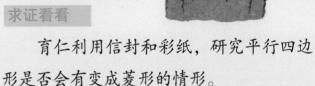

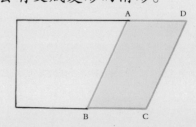

把长方形的彩纸装入信封斜剪，然后

把彩纸一点一点拉出来。四边形ABCD便是平行四边形。

如果把彩纸多抽出一些，会变成什么形状呢？

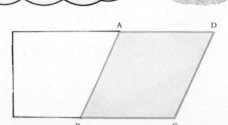

继续抽出彩纸，平行四边形ABCD的4条边的边长会变得全部相等。因为4条边边长相等的四边形是菱形，所以平行四边形有可能变成菱形。

会有变成菱形的情形。

平行四边形是两组对边平行的四边形。这点也适用于菱形。而且，菱形4条边的边长一定要相等。

菱形是特殊的平行四边形。

两组对边平行的四边形是平行四边形。其中，4条边边长相等的平行四边形是菱形。

● 平行四边形和长方形

平行四边形

长方形

查查看

现在，研究一下平行四边形和长方形的关系。

小政和育仁画了各种平行四边形，然后查证其中是否会有变成长方形的情形。

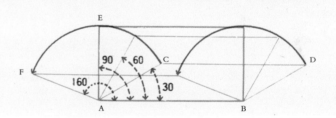

把平行四边形的角度作各种变化看看。分别换成30°、60°、90°、160°。当顶点C移动到E的时候（角EAB为直角），刚好变成长方形。

如上图，可以把长方形当作特殊的平行四边形。那么，反过来会怎样呢？请看下一页。

◆ 用长方形考虑
看看。

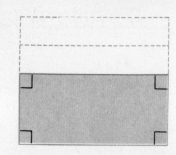

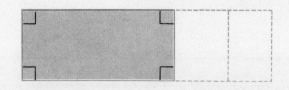

因为长方形的 4 个角都是直角，所以即使大小变化还是长方形。

长方形因为两组对边平行、4 个角是直角，所以是特殊的平行四边形。

● 菱形和正方形

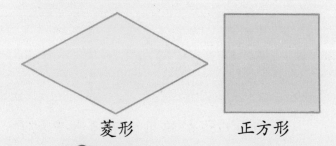

菱形　　　　　正方形

查查看

用 4 根长度相同的木棍，制作各种菱形看看。

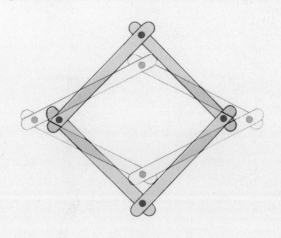

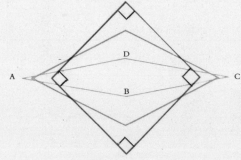

如果拉动菱形 A B C D 的 D 和 B，会制成 4 个角都是直角的菱形。这时，4 条边边长相等、4 个角都是直角，这就是正方形。

动脑时间

会变成正方形吗？

① 图是 4 个直角三角形和 1 个正方形组合而成的长方形。请用这 5 个图形制作一个正方形，请仔细想一想。

答案：如图②。

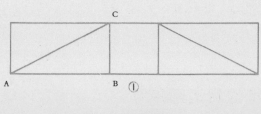

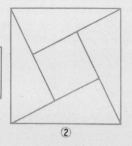

A B 是 C B 的两倍。

菱形是 4 条边边长相等的四边形。正方形是 4 条边边长相等、4 个角都是直角的四边形。所以，正方形是特殊的菱形。

◉ 长方形和正方形

长方形

正方形

这次也用信封和彩纸来实验一下。

像研究平行四边形和菱形关系的时候一样，用信封和彩纸来实验。

不过，这次不是斜剪，而是剪成直角。

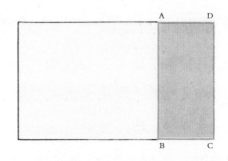

慢慢抽出信封里的彩纸。

这是长方形，所以 4 个角都是直角。再抽出一点儿来会怎样呢？

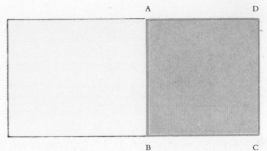

再抽出一些后，长方形 A B C D 4 条边的边长就变得相等了。

因为 4 个角是直角、4 条边边长相等的四边形是正方形，所以，长方形有可能变成正方形。

长方形是 4 个角都是直角的四边形。正方形是 4 个角都是直角、4 条边边长相等的四边形。所以，正方形是特殊的长方形。

◉ 整理对角线的性质

梯形不是点对称图形，而平行四边形则是以对角线的交点为对称中心的点对称图形。菱形、长方形、正方形都是特殊的平行四边形。

所以，一般平行四边形、菱形、长方形、正方形的两条对角线，都被交点 2 等分。

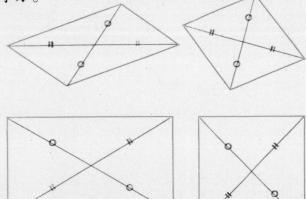

小广想起长方形的两条对角线长度相等，以对角线交点为圆心，对角线为直径画圆，再在圆中画各种四边形看看。

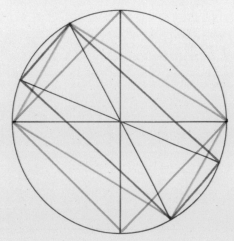

把两条直径与圆的交点依次连接的话，会得到长方形。

其中，如果两条直径垂直相交的话，就会得到正方形。

利用平行四边形和菱形的两条对角线长度不同，画两个圆心相同的圆再进行观察。

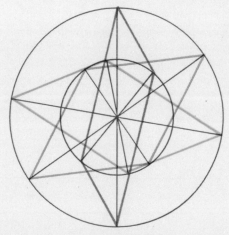

把大圆 1 条直径的两端，和小圆 1 条直径的两端依序连接，就会得到平行四边形。

其中，当大圆的直径和小圆的直径垂直时，就会得到菱形。

小广把平行四边形的对角线关系整理如下。

＊一般平行四边形、菱形、长方形、正方形都是对角线在正中相交的四边形。

＊其中，对角线长度相等的是长方形和正方形。

＊长方形的对角线垂直时会变成正方形，一般平行四边形的对角线垂直时会变成菱形。

● 整理四边形的关系

[可以看作同类]　　[特殊的形状]

梯形 （1组边平行）
平行四边形 （两组边平行）
→ 至少是1组边平行的四边形 → 平行四边形是另1组边也平行

平行四边形 （两组边平行）
菱形 （两组边平行，4条边边长相等）
→ 两组边平行的四边形 → 菱形的4条边边长相等

平行四边形 （两组边平行）
长方形 （两组边平行，4个角为直角）
→ 两组边平行的四边形 → 长方形的4个角都是直角

菱形 （4条边边长相等）
正方形 （4条边边长相等，4个角为直角）
→ 4条边边长相等的四边形 → 正方形的4个角都是直角

长方形 （4个角为直角）
正方形 （4个角为直角，4条边边长相等）
→ 4个角都是直角的四边形 → 正方形的4条边边长相等

项目 ＼ 四边形	梯 形	平行四边形	菱 形	长方形	正方形
两条边边长相等		○	○	○	○
4条边边长相等			○		○
对角的大小相等		○	○	○	○
4个角大小相等				○	○
1组对边平行	○	○	○	○	○
两组对边平行		○	○	○	○
线对称图形			○	○	○
点对称图形		○	○	○	○
对角线垂直相交			○		○
对角线在正中央相交		○	○	○	○
对角线在正中央垂直相交			○		○

10 四边形的性质

整理

1 菱形、平行四边形、梯形

4 条边等长的四边形叫作菱形。

菱形是
- 两组边等长。
- 对角的大小相等。
- 相邻两角之和是 180°。
- 用 1 条对角线可以把菱形平分为两个全等的等腰三角形。
- 两条对角线在菱形中心点垂直相交。
- 两条对角线互相平分。

两组对边分别平行的四边形叫作平行四边形。

平行四边形是
- 两组对边等长。
- 对角的大小相等。
- 相邻两角之和是 180°。
- 用 1 条对角线可以把平行四边形平分为两个全等的三角形。
- 两条对角线互相平分。

一组对边平行而另一组对边不平行的四边形叫作梯形。

2 下面是各种四边形的性质的综合整理

性质 \ 四边形	长方形	梯形	平行四边形	正方形	菱形
① 只有 1 组对边平行。		○			
② 两组对边分别平行。	○		○	○	○
③ 两组对边分别等长。	○		○	○	○
④ 4 条边全部等长。				○	○
⑤ 两组对角的大小分别相等。	○		○	○	○
⑥ 4 个角都是直角。	○			○	
⑦ 两条对角线的长度相等。	○			○	
⑧ 两条对角线呈直角相交。				○	○
⑨ 两条对角线相互交叉分为 2 等分。	○		○	○	○

试试看，会几题？

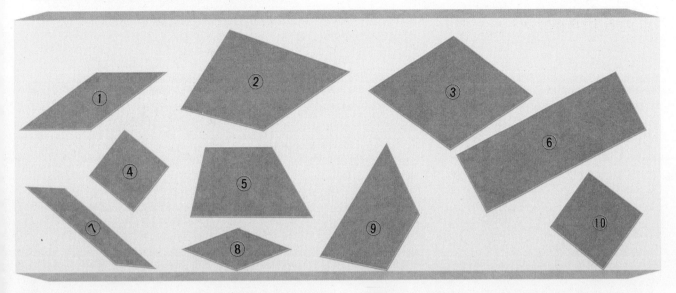

1 上图中有许多四边形，量一量边长或角度并从图中找出下述图形，将号码填在（　）中。

正方形（　　　） 平行四边形（　　　）
长方形（　　　） 梯形（　　　）
菱形（　　　）

2 下面的图形是4种四边形的对角线，写出这些四边形的名称。（记号相同代表长度相同。）

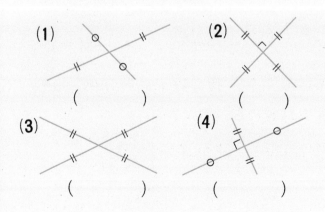

(1) （　　　）　　(2) （　　　）

(3) （　　　）　　(4) （　　　）

3 在下图里以红色直线作为1个边，画出平行四边形。把①当作顶点时，另一个顶点是乙一或乙五。如果以下列各号码的点作为1个顶点，另一个顶点应该在什么位置？

一 二 三 四 五 六 七 八 九 十

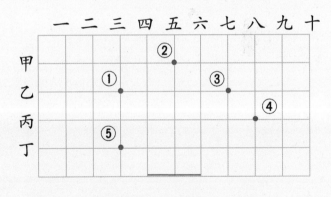

①（乙一）或（乙五）　④（　　）或（　　）
②（　　）或（　　）　⑤（　　）或（　　）
③（　　）或（　　）

答：**1** 正方形（④、⑩）、长方形（⑥）、菱形（③、⑧）、平行四边形（①、⑦）、梯形（⑤、⑨）

2（1）平行四边形（2）正方形（3）长方形（4）菱形

3②（甲三）或（甲七）、③（乙五）或（乙九）、④（丙十）或（丙六）、⑤（丁一）或（丁五）

解题训练

■ 求边长和角的大小。

1 求下列用号码标注的角的大小，或边的长度。

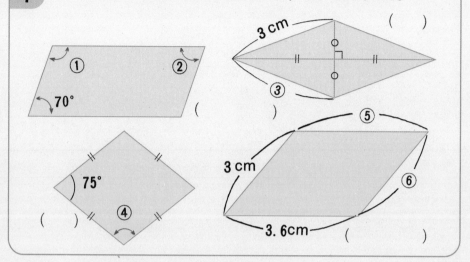

●解法
① 相邻两角的和是180°。180 - 70 = 110 答：110°
② 因为对角的大小相等，所以是70°。答：70°
③ 菱形的4条边等长，所以是3厘米。答：3厘米
④ 相邻两角的和是180°。180 - 75 = 105 答：105°
⑤ 对边的长度相等。答：3.6厘米
⑥ 对边的长度相等。答：3厘米

◀ 提示 ▶

先想想菱形和平行四边形的性质。

■ 图形的形状

2 左图排列着5个同样大小的等腰三角形。在一幅图中有几个平行四边形？有几个梯形？

●解法
2个三角形可组成1个平行四边形。同样地，4个三角形也可以组成平行四边形。

答：6个平行四边形　　4个梯形

平行四边形为：

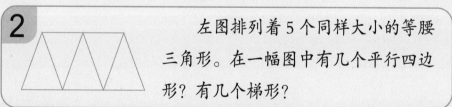

梯形为：

◀ 提示 ▶

按照顺序仔细数一数。

3 右图 A、B 的长方形纸各有 2 张。把这 4 张纸每 2 张互相重叠，可以做成下列各种四边形。用哪一张纸和另外一张依什么方法重叠可以做出四边形？写出纸张的号码。①平行四边形 ②菱形 ③正方形 ④长方形

Ⓐ — 5 cm —
) 1 cm

Ⓑ — 5 cm —
2 cm

■以边长及角的大小为注意的重点

● 解法 按照右下图的方式，把纸张相互重叠试试看。A 和 A 重叠后，成 4 条边等长的四边形。A 和 B 重叠后，可以做出两组对边平行的四边形。

答：①平行四边形：A 和 B 以不垂直的方式重叠。②菱形：A 和 A、B 和 B 以垂直以外的方式重叠。③正方形：A 和 A、B 和 B 以垂直的方式重叠。④长方形 A 和 B 以垂直方式重叠。

◀ 提示 ▶

依照重叠方式的不同，可以变化出不同的形状。

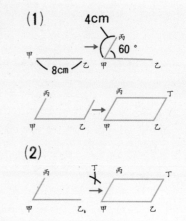

4 画出相邻两边边长为 8 厘米和 4 厘米、两边夹角为 60° 的平行四边形。

■制作四边形的图

● 解法 利用三角板、圆规和量角器来测量。

① 画 1 条 8 厘米长的线段，线的两端为甲、乙。

② 从甲点取 60° 的角并画 1 条 4 厘米长的线段，线段的另外一端为丙。

③ 从乙点画 1 条和甲丙平行的直线。

④ 从丙点画 1 条和甲乙平行的直线，这条直线和③所画直线相交的交点定为丁。

(1) 4cm
丙
60°
甲 8cm 乙 甲 乙

(2)
丙 丁 丙 丁
甲 乙 甲 乙

◀ 提示 ▶

利用三角板、圆规或量角器测量。平行四边形的两组对边互相平行。

● 其他解法

①、②的步骤相同，然后利用圆规分别以丙点和乙点为圆心，各画 1 个半径 8 厘米和半径 4 厘米的圆，再把乙、丙二圆的交点定为丁。最后用直线把丙丁两点以及乙丁两点连接起来。

加强练习

1 甲乙丙丁4人各自拿了1个形状不同的四边形。4个人分别就自己的四边形回答下面的问题。

★ 一条对角线能不能把四边形分为两个全等的三角形？

甲：能　乙：能
丙：能　丁：能

★ 两条对角线是不是等长？

甲：是　乙：不
丙：不　丁：是

★ 对角线是不是垂直相交？

甲：是　乙：是
丙：是　丁：不

★ 是不是带有直角？

甲：是　乙：不
丙：是　丁：是

★ 两条对角线是不是互相平分？

甲：是　乙：是
丙：不　丁：是

（1）甲、乙、丁所拿的四边形各是什么形状？

（2）请画出丙的图形。

2 利用2张和右图大小相同的梯形可以拼出各种四边形，2张纸可以互相重叠，但不可以裁剪或折叠。依照这种方式将能做出梯形、平行四边形、长方形、菱形、正方形等5种图形。请图示不同的重叠方法。

解答和说明

1（1）甲拿的四边形为正方形，但乙、丁所拿四边形和甲不同。

（2）2条对角线交叉后并没有相互平分为2等分，所以丙不属于平行四边形（对边互相平行），丙的图形如右图。

答：（1）甲：正方形
　　　　　乙：菱形
　　　　　丁：长方形

丙

2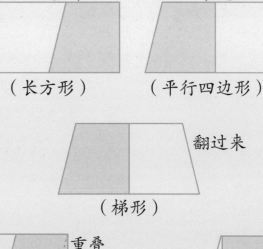

反过来　　　　　　　反过来

（长方形）　　　　（平行四边形）

翻过来

（梯形）

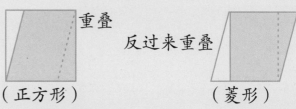

重叠

反过来重叠

（正方形）　　　　　　（菱形）

3 用数张大小相同的直角三角形彩纸做成最小型的菱形、平行四边形、梯形和长方形。每种四边形各需几张彩纸？

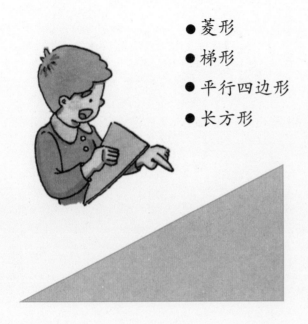

● 菱形
● 梯形
● 平行四边形
● 长方形

3 菱形——2条对角线垂直

平行四边形——2组对边各自平行

梯形——只有1组对边平行

长方形——4个角均为直角

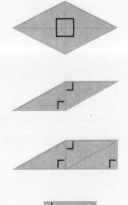

答：菱形 4 张

平行四边形 2 张

梯形 3 张

长方形 2 张

应用问题

1 把下面表格中符合正方形和菱形的叙述用"○"圈出来。

1	2条对角线等长。
2	2组对边各自平行。
3	对角的大小相等。
4	4条边的长度相等。
5	2条对角线垂直相交。
6	对边的长度相等。
7	由1条对角线等分为2个等腰三角形。
8	相邻两角的和是180°。

2 在下面的2个四边形里各画2条直线，便可各剪成4个梯形。试试看，怎样画呢？

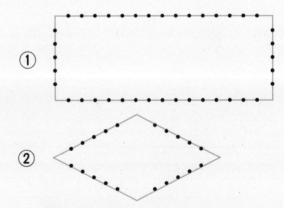

①

②

1 2、3、4、5、6、7、8

2 ①②的画法相同。先画1条和1条边平行的直线，再画1条和该直线相交的斜线。

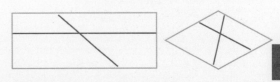

11 平均

◉ 平均的意义

以 1 星期为期，调查一头乳牛可以挤多少牛奶。挤出来的量每天不同。想一想每天能挤多少升就可以。

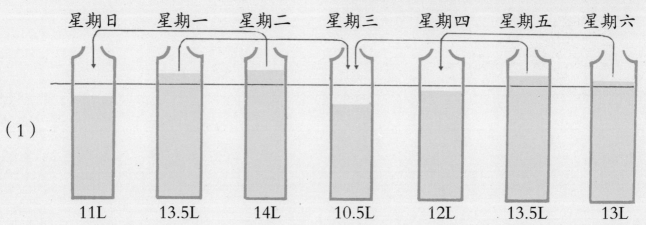

星期日	星期一	星期二	星期三	星期四	星期五	星期六
11L	13.5L	14L	10.5L	12L	13.5L	13L

（1）

（2）

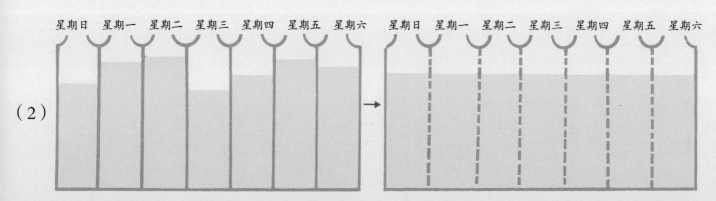

如上面的（1）图，每天挤的量都不同。如果照箭头的方向，把牛奶较多的瓶子倒一些给牛奶较少的瓶子，那么，每天的量就大致一样，这个称为平均。

另外，也可以像（2）的方式那么想。把 7 个瓶子合在一起，画好瓶子的界线，让每个瓶子的量都一样。再把它当作 1 天挤出的量。

◎ 平均的求法

甲先生想知道自己每个月用多少零用钱。甲先生要怎么计算呢?

月　份	4	5	6	7	8	9
零用钱(元)	1200	560	920	1850	850	1220

把若干数字并列,计算1个月平均为多少。

（1200 ＋ 560 ＋ 920 ＋ 1850 ＋ 850 ＋ 1220）÷ 6 = 6600 ÷ 6 = 1100

1个月平均是1100元。

即使每个月花的钱不一样,以6个月为周期计算的话,1个月平均所花的钱是1100元。下一页再继续学习总计和平均。

🐸 动脑时间

万能方阵

下图称为万能方阵。不论横的、直的或斜的任取1列,它的和全都是 A＋B＋C＋D＋a＋b＋c＋d。

所以,把 A、B、C、D、a、b、c、d 换成任何数字,都可以产生魔术方阵。这就是它被称为万能方阵的理由。

比方说,A ＝ 10、B ＝ 20、C ＝ 30、D ＝ 40、a ＝ 1、b ＝ 2、c ＝ 3、d ＝ 4 的话,就产生下图的魔术方阵。

如果把 A、B、C、D、a、b、c、d 换成别的数字,又会产生另一种魔术方阵。

A＋a	B＋b	C＋c	D＋d
D＋c	C＋d	B＋a	A＋b
B＋d	A＋c	D＋b	C＋a
C＋b	D＋a	A＋d	B＋c

11	22	33	44
43	34	21	12
24	13	42	31
32	41	14	23

● 总计与平均

有 3 个泥水匠在砌一道砖墙，4 天完成工作。

下表是调查工作的情形。

	第1天	第2天	第3天	第4天
甲先生	○	○	○	○
乙先生	○			○
丙先生	○	○	○	

◆ 总计有多少人在工作。

这个就要取决于甲、乙、丙 3 名泥水匠各工作了多少天。

虽然只有 3 个人，不过，一定要考虑总计的工作人数才行。

如果把每位泥水匠 1 天分到的工作量当作一样的话，3＋2＋2＋2＝9，9人。

这个工作 1 天完成的话，需要有 9 名泥水匠。也可以把它当作是泥水匠 9 人份的工作。

这个时候，可以说这项工作是总计 9 人的工作，9人称为总计人数。

◆ 1 名泥水匠要完成这件工作需要几天？

"这个问题以前面学过的作基础再考虑就行了。"

泥水匠的工作天数，分列下表，一看就知道。

	天数
甲先生	4 天
乙先生	2 天
丙先生	3 天

因为甲先生是 4 天、乙先生 2 天、丙先生 3 天，所以，1 名泥水匠要完成这件工作的话，需要 3 个人所花的天数。

"啊！我知道了。4＋2＋3＝9所以，应该需要9天。"

用这种想法求出的总计的天数，称为总计天数。

1 个人要完成这项工作需要 9 天。

◆ 1 天平均有几名泥水匠在工作?

写成计算式是:

(总计人数) ÷ (天数) ＝
(1 天的平均人数)

$9 ÷ 4 = 2.25$

每天平均有 2.25 人在工作。

什么! 人也可以 用 0.25 个的称呼吗?

算人数的时候, 通常是 1 人、2 人、5 人、10 人……多使用整数。但是, 表示平均时, 也会使用像 2.25 人这样的小数。

◆ 1 个人平均工作几天?

计算式如下:

(总计天数) ÷ (人数) ＝ (1 人的平均工作天数)

$9 ÷ 3 = 3$

1 个人平均工作 3 天。

现在, 为了测验你的能力, 请看左边的综合测验。

综合测验

① 调查从小广家拿来的鸡蛋重量, 30 个一共是 1740 克。请问每个鸡蛋的重量是多少?

② 台上一共站了 12 名小朋友。如果他们平均的体重是 35 千克, 请问全体的重量是多少千克?

③ 调查 5 年级 2 班上星期的缺席者, 结果如下表。

缺席名单

星期	一	二	三	四	五	六
姓名	大华	大华	大华	小明		小芳
	阿美		小宝	小宝		阿雄

1. 求出缺席者的总计人数。

2. 1 天平均有几人缺席。

整理

(1) 把若干个数变成同样大小, 称为这些数的平均。

(2) 使用平均表示大小, 以便思考。

(3) 用总的人数或天数等表示它的大小。这个称为总计人数或总计天数。

答: ① 58g ② 420kg ③ 1. 9 人 2. 约 1.5 人

图形的智能之源

找三角形

依据下图示例的方法，你能够找出几个等腰三角形。

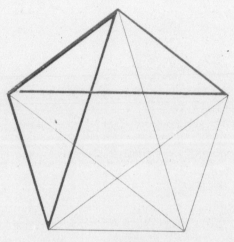

答案：5个

再以下图示例方法找找看，共有几个等腰三角形。

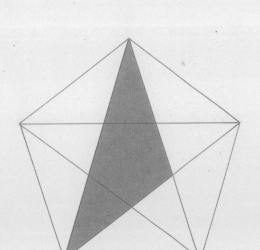

答案：5个

◆ 各种调查方法

下图①至④表示各种形状的取法。想一想，跟①至④涂上颜色的形状一样的有几个？

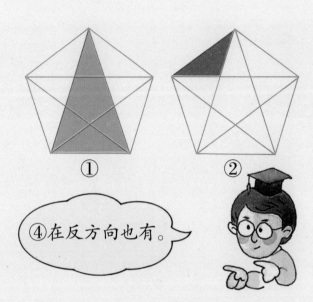

① ②

④在反方向也有。

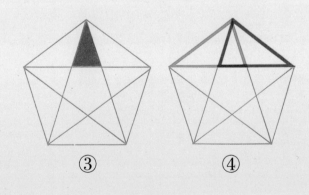

③ ④

答：①5个 ②5个
③5个 ④10个